Qurrat-ul-Ain Akbar
Saqib Arif
Salman Khurshid

Impacto dos pentosanos adicionados na qualidade do pão

Qurrat-ul-Ain Akbar
Saqib Arif
Salman Khurshid

Impacto dos pentosanos adicionados na qualidade do pão

ScienciaScripts

Imprint
Any brand names and product names mentioned in this book are subject to trademark, brand or patent protection and are trademarks or registered trademarks of their respective holders. The use of brand names, product names, common names, trade names, product descriptions etc. even without a particular marking in this work is in no way to be construed to mean that such names may be regarded as unrestricted in respect of trademark and brand protection legislation and could thus be used by anyone.

Cover image: www.ingimage.com

This book is a translation from the original published under ISBN 978-3-659-89311-7.

Publisher:
Sciencia Scripts
is a trademark of
Dodo Books Indian Ocean Ltd. and OmniScriptum S.R.L publishing group

120 High Road, East Finchley, London, N2 9ED, United Kingdom
Str. Armeneasca 28/1, office 1, Chisinau MD-2012, Republic of Moldova, Europe
Managing Directors: Ieva Konstantinova, Victoria Ursu
info@omniscriptum.com

Printed at: see last page
ISBN: 978-620-8-59367-4

DEDICAÇÃO

ESTE LIVRO É

DEDICADO À MINHA

FAMÍLIA

ÍNDICE DE CONTEÚDO

AGRADECIMENTOS

Os autores agradecem a Alá Todo-Poderoso por nos ter permitido concluir este livro com o melhor das nossas capacidades e competências. Estamos em dívida para com o Dr. Mubarik Ahmed e o Dr. Abid Hasnain pelo apoio durante o trabalho. O nosso mais profundo apreço vai para o Sr. Amin pelo seu generoso apoio.

No final, gostaríamos de expressar a nossa gratidão aos membros da nossa família pelo seu encorajamento, apoio e apreço.

LISTA DE ABREVIATURAS

Abbreviation	Description
AX	Arabinoxylan
HWSW	Hard white spring wheat
LH	Loaf height
LV	Loaf volume
SLV	Specific loaf volume
TOAX	Total arabinoxylan
WEAX	Water extractable arabinoxylan
WEP	Water-extractable Pentosan
WUAX	Water unextractable arabinoxylan
WUP	Water-unextractable Pentosan

CAPÍTULO 1. INTRODUÇÃO

1.1 COZEDURA

B aking é um termo comummente utilizado para descrever a produção de produtos à base de cereais, tais como pão, biscoitos, bolos e pizzas.

1.1.1 Pão levedado

O fabrico de pão é frequentemente utilizado para avaliar a qualidade do trigo duro. O processo de fabrico do pão pode ser dividido em três processos principais: mistura, fermentação (ou prova) e cozedura. A mistura é um passo muito crítico no processo de fabrico do pão, com a função principal de misturar os ingredientes com a farinha e hidratar juntamente com a incorporação de ar para desenvolver a massa. Estas bolhas de ar expandem-se durante a fermentação, o que proporciona uma estrutura aerada caraterística e apelativa do pão. Finalmente, a estrutura de espuma da massa criada pelas células de gás é transformada num pão na fase de cozedura.

1.1.2 Pães chatos (Chapati, Roti e outras variantes)

O chapatti e outras variantes são o alimento de base da maioria da população do Sul da Ásia. A maior parte do trigo produzido nestes países é utilizada sob a forma de pão achatado. É geralmente fabricado com farinhas de trigo integral obtidas através da moagem do trigo num moinho de discos de pedra (conhecido localmente como Chakki). As farinhas produzidas em vários níveis de refinamento através da moagem em rolo também estão a ser utilizadas para o fabrico de Chapatti, especialmente pela população urbana. O Chapatti tem normalmente uma textura macia e é geralmente consumido quente. O Chapatti fornece nutrientes essenciais, bem como fibras alimentares que ajudam a manter uma boa saúde e previnem certas doenças de origem alimentar, como as doenças cardiovasculares (Jacobs et al 1998; Slavin et al 2000; Thompson 1994).

Tem havido uma investigação considerável relacionada com o teste de cozedura, avaliação e sistemas de pontuação para pães planos (Faridi et al 1982; Quail et al 1991). No entanto, não existe um procedimento geral de teste de cozedura e de pontuação para o Chapatti. A avaliação comparativa da qualidade é feita através de atributos sensoriais, incluindo a aparência, o sabor, o aroma, a textura, o inchaço e a absorção de água e a qualidade de conservação. Idealmente, um chapatti tem uma cor cremosa, com um mínimo de manchas castanhas e é totalmente tufado, de modo a conter duas camadas distintas. O chapatti deve também ser fácil de rasgar e flexível. É desejável um aroma e um sabor a trigo com uma sensação de mastigação suave e não pegajosa na boca (Dhaliwal et al 1996).

1.2 PAPEL DAS PENTOSANAS NA DETERMINAÇÃO DA QUALIDADE DO PÃO

As pentosanas são os principais polissacáridos não amiláceos presentes no trigo e em alguns outros grãos de cereais, em quantidades variadas. A sua acumulação nas paredes celulares para suporte estrutural das plantas maduras aumenta a proporção no farelo (9,9-28,4%) do que na farinha de trigo (1,5-2,1%) (Carpita e Gibeaut 1993; Lempereur et al 1997).

As pentosanas, embora em menor quantidade, contribuem para determinar a qualidade do pão. Algumas das conclusões de estudos anteriores efectuados sobre este tema são discutidas abaixo:

1.2.1 Atributos físicos do pão

Os atributos físicos de qualidade do pão de forma, incluindo a altura, o volume e o volume específico, são parâmetros importantes que determinam a qualidade do pão. Estas caraterísticas são também úteis para determinar a aceitabilidade do pão pelos consumidores. A composição, as propriedades e as condições de mistura da farinha são geralmente responsáveis pelas dimensões do pão. Até à data, foram efectuados vários estudos para compreender e explorar o papel de vários componentes, incluindo as pentosanas, em relação à melhoria da qualidade do produto final.

Cada tipo de pentosanas tem um determinado efeito no fabrico de pão. Arif (2012) referiu que o WEP tem uma influência negligenciável, enquanto o WUP tem uma influência negativa significativa ($P<0{,}001$) na altura do pão, no volume e no volume específico dos pães preparados a partir de farinhas de trigo duro. Estes resultados estão de acordo com outros estudos (Courtin et al 2001; Rouau et al 1994). Maeda e Morita

(2003) verificaram o impacto positivo das fracções de pentosanas solúveis e insolúveis em água nos atributos de qualidade do pão. Michniewicz et al (1992) verificaram o efeito positivo do pentosano solúvel em água e uma influência insignificante do pentosano insolúvel em água no volume específico do pão.

Alguns trabalhadores também encontraram um impacto negativo da WUP no volume do pão (Krishnarau e Hoseney 1994; Kulp e Bechtel 1963). Outros relataram efeitos nulos ou menores da WUP no volume do pão e nas propriedades do miolo (Hoseney et al 1971; Jelaca e Hlynka 1972; Kim e D'Appolonia 1977a; Michniewicz et al 1992). Denli e Ercan (2001) relataram efeitos positivos da WUP (até 2%) no volume do pão.

O impacto positivo do WEP no volume do pão e no volume específico dos pães também foi relatado por outros estudos (Costas et al 1995; Denli e Ercan 2001). Courtin et al (1999) encontraram um papel positivo das pentosanas solúveis em água no volume do pão. Além disso, os PSA isolados de outras fontes de cereais como o arroz e o ragi mostraram efeitos benéficos na qualidade da massa e do pão (Rao et al 2007). Rouille et al (2005) estudaram o impacto dos componentes solúveis em água no volume específico do pão e na estrutura do miolo. Observaram melhorias no volume específico do pão e uma diminuição na finura do pão francês devido às fracções solúveis. Gan et al (1995) sugeriram que as pentosanas e as proteínas solúveis apoiam as células arejadas durante a fermentação e a cozedura. Wang et al (2002) sugeriram que o papel positivo da WEP se deve à influência na formação do glúten ou às interações com lípidos não polares. Assim, pode concluir-se que a WEP pode ser incorporada na formulação de pão rico em fibras sem alteração do aspeto físico. Rouille et al (2005) indicaram uma influência positiva dos componentes solúveis (pentosanos e proteínas) no volume do pão. Em conclusão, os efeitos positivos relatados da WEP variam de pequenos a significativos no volume do pão de forma. É, no entanto, de notar que alguns trabalhadores não registaram efeitos da WEP no volume do pão de forma.

1.2.2 Firmeza do miolo do pão

A firmeza do miolo do pão pode ser medida em gramas, utilizando uma máquina de ensaio universal. A adição de fibras alimentares de diferentes fontes de cereais à farinha de trigo reduz a firmeza do miolo do pão (Lebesi e Tzia 2011). Wang et al (2002) indicaram uma redução notável na firmeza do miolo após a adição de polissacáridos sem amido. Rosell et al (2001b) referiram que a adição de hidrocolóides na farinha é benéfica para a qualidade do pão e pode produzir um miolo de pão mais macio.

Muitos trabalhadores registaram um impacto positivo dos pentosanos na firmeza do miolo do pão (Costas et al 1995; Izydorczyk et al 1991; Martinez-Anaya e Jimenez 1997). Arif (2012) comparou os impactos da WEP e da WUP e descobriu que o impacto da WEP era muito maior do que o da WUP na firmeza do miolo dos pães. Outros trabalhadores também relataram melhorias na textura do miolo com a adição de WEP (Costas et al 1995; Izydorczyk et al 1991). Martinez-Anaya e Jimenez (1997) relataram que a firmeza do miolo do pão pode ser melhorada pela hidrólise enzimática do WUP em WEP.

1.2.3 Atributos sensoriais do pão

A avaliação sensorial é uma avaliação subjectiva e é normalmente efectuada para além de outras medições como o volume do pão e o volume específico. No entanto, estas avaliações estão altamente relacionadas com o volume do pão (Bhatt e Derera 1975; Mladenov et al 2001). Ao estudar os atributos sensoriais do pão, são tidos em conta vários atributos sensoriais, incluindo as cores da côdea e do miolo, o odor, a textura, o sabor, a mastigação, o amargor e a aceitabilidade global.

Arif (2012) descobriu que o impacto das pentosanas nos atributos sensoriais do pão é altamente significativo ($P<0,001$). Descreveram ainda que ambas as fracções de pentosanas têm impactos opostos nos atributos sensoriais dos pães, ou seja, o WUP tem um impacto negativo, enquanto o WEP tem um impacto positivo nos atributos sensoriais. Maeda e Morita (2003) e Primo-Martin e Martinez-Anaya (2003) também relataram melhorias na aparência do pão com a adição de WEP na formulação do pão. Outros relatórios sugerem uma melhoria na estrutura do miolo com a adição de WEP (Hammer 1995; Poutanen 1997).

1.3 OBJECTIVOS DA PRESENTE INVESTIGAÇÃO

Os micronutrientes e as fibras alimentares são essenciais para manter a saúde óptima de qualquer população. A maior parte deles é fornecida por alimentos à base de cereais que são consumidos como dieta básica em quase toda a população do mundo. Os polissacáridos não amiláceos são os principais componentes da fibra alimentar. Os polissacáridos não amiláceos dominantes nas paredes celulares dos grãos de trigo são as pentosanas que ocorrem em diferentes tecidos vegetais (Lempereur et al 1997; Courtin & Delcour 2002).

As pentosanas, embora presentes em pequenas quantidades (1,5-2,1%) na farinha de trigo, são conhecidas por desempenharem um papel importante na funcionalidade da farinha para o fabrico de pão. A sua maior afinidade com a água entre os constituintes da farinha acaba por aumentar a capacidade de absorção de água da farinha, o que altera o comportamento da massa durante a transformação e afecta a qualidade final do produto acabado. O impacto dos pentosanos varia, no entanto, devido a certos factores, incluindo a fonte de onde são extraídos; o método de isolamento dos pentosanos; diferentes receitas e procedimentos de fabrico de pão; a qualidade da farinha de base à qual são adicionados os pentosanos; e o nível de suplementação, etc.

Tendo em conta estes factores, o presente estudo foi concebido com o objetivo principal de determinar o impacto dos pentosanos nos determinantes da qualidade do pão que são normalmente utilizados pelo consumidor (como o aspeto, as dimensões, o sabor, a cor, a firmeza, etc.) de uma forma científica.

CAPÍTULO 2. MATERIAIS E MÉTODOS

2.1 DESCRIÇÃO DAS AMOSTRAS

As oito cultivares predominantes de trigo branco duro de primavera do Paquistão (HWSW), nomeadamente TJ-83, Abadgar, Anmol, TD-1, Moomal, Imdad, SKD-1 e Mehran, foram cultivadas em dois locais em Sindh, Nawabshah e Hyderabad, durante o ano agrícola 20072008. As cultivares foram cultivadas seguindo as práticas agronómicas normalmente utilizadas pelos agricultores, e foram mantidas uniformes para todas as cultivares em ambos os locais.

O trigo colhido foi seco durante cerca de uma semana e, em seguida, submetido a uma debulha mecânica para separação da palha e dos grãos. Para obter uma amostra de laboratório representativa, os grãos de cada variedade foram bem misturados e divididos com uma divisora Boerner.

As amostras de trigo foram moídas em farinha (como descrito em 2.2.1), e as farinhas das respectivas variedades foram analisadas quanto aos parâmetros de qualidade do pão, incluindo as dimensões físicas do pão, a firmeza do miolo e os atributos sensoriais do pão.

As farinhas obtidas de todas as cultivares de trigo foram consideradas como amostras de controlo. O processo de obtenção das farinhas é descrito na secção 2.2.1.

Os métodos utilizados para o isolamento das pentosanas são descritos na secção 2.2.3. As pentosanas extraíveis com água e as pentosanas não extraíveis com água foram adicionadas separadamente a níveis de 1% e 2% às farinhas das oito cultivares HWSW, misturando-as manualmente durante 5 minutos.

2.2 PROCEDIMENTOS ANALÍTICOS

As amostras de laboratório de diferentes variedades foram cuidadosamente misturadas e subdivididas em amostras de trabalho utilizando um divisor eletrónico de precisão. Em seguida, as amostras foram limpas manualmente, utilizando peneiras adequadas para separar o pó e as partículas mais pequenas, e recolhendo manualmente as matérias estranhas maiores. O teor de humidade de cada amostra de grão foi determinado utilizando um medidor de humidade digital (Burrows modelo 700), devidamente calibrado com o método do forno de ar.

2.2.1 Moagem de trigo

O trigo foi moído em farinha utilizando um moinho Brabender Quadramat Junior de acordo com o procedimento da AACC 26-50 (AACC 2000). Para este efeito, o trigo foi condicionado a 15% de humidade durante 18 horas antes da moagem. A máquina foi regulada para uma taxa de alimentação de cerca de 100 g/min. O rendimento da farinha foi registado como a percentagem de farinha recuperada e comparado com a quantidade de grão alimentada ao moinho.

2.2.2 Determinação das caraterísticas de cozedura

As amostras de farinhas de controlo e de farinhas suplementadas com pentosano foram analisadas para fazer pão seguindo o procedimento da AACC 10-10B. Os pães assim preparados foram medidos quanto à altura do pão (LH), volume do pão (LV), volume específico do pão (SLV), caraterísticas sensoriais e de textura. A altura e o volume do pão foram medidos com o auxílio de um compasso de calibre vernier. Os pães foram pesados separadamente e o VLE foi calculado dividindo o VE pelo peso do pão. Os atributos sensoriais, incluindo as propriedades da massa, as propriedades externas do pão e as caraterísticas internas do miolo dos pães, foram avaliados por um painel de cinco juízes de acordo com o sistema de avaliação de 100 pontos sugerido por Sutton et al (2002). A firmeza dos pães foi medida por UTM de acordo com o procedimento da AACC 74-0. A fatia de pão foi comprimida (25%) com o êmbolo de compressão e o pico de força resultante (Fmax) foi medido em gramas.

2.2.3 Isolamento das fracções WUP e WEP

As fracções WEP e WUP das pentosanas foram isoladas de uma variedade de trigo duro "Inqilab" disponível no mercado. As pentosanas não extractáveis em água foram isoladas seguindo o procedimento de Wang et al (2003) com ligeiras modificações. A pasta de amido resultante foi passada duas vezes através de um pano de musselina antes de ser peneirada através de um peneiro normalizado com uma malha de 32 pm. Os passos seguintes para o isolamento e a purificação de WUP, incluindo a incubação durante 16 horas a 30 °C após a adição de a-amilase, a liofilização e a moagem, foram descritos por Wang et al (2003). Para a extração de WEP, seguiu-se o procedimento adotado por Cleemput et al (1995).

3.3 ANÁLISE ESTATÍSTICA

As propriedades de cozedura foram analisadas em duplicado. Toda a análise estatística foi efectuada utilizando o software SPSS (SPSS versão 17, Inc., EUA).

Foi realizada uma ANOVA de 3 vias para um desenho fatorial (os factores foram a variedade em 8 níveis e WEP ou WUP em 3 níveis cada, incluindo o controlo) para analisar as fontes de variação nas propriedades de panificação das farinhas HWSW. O teste de Duncan (a $P<0{,}05$) foi utilizado para separar as variedades dentro dos tratamentos (controlo, 1% e 2%) e também para calcular as diferenças significativas entre as farinhas suplementadas com pentosano e as farinhas de controlo.

CAPÍTULO 3. RESULTADOS E DISCUSSÃO

3.1 ALTURA DO PÃO, VOLUME E VOLUME ESPECÍFICO DO PÃO

A altura do pão (LH) de pães de diferentes cultivares HWSW é apresentada na Figura 1. Verificou-se que as alturas dos pães das cultivares HWSW variaram entre 6,9 e 8,8 cm, sendo os valores mais baixos e mais altos apresentados por SKD-1 e Mehran, respetivamente. Com exceção do Moomal e do SKD-1, os pães de todas as variedades não diferiram significativamente (*P*>*0*,05) do Mehran.

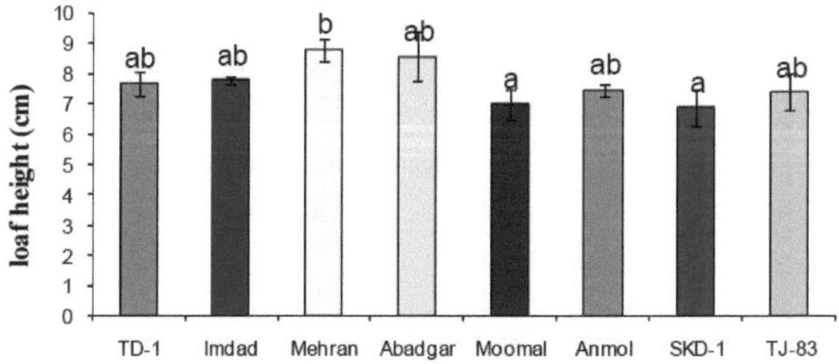

Figura-1 Altura do pão de forma de diferentes cultivares de HWSW. As barras marcadas com as mesmas letras não são significativamente diferentes a P<0,05.

Os volumes dos pães (LV) de diferentes cultivares de HWSW são apresentados na Figura 2. Verificou-se que os pães das cultivares HWSW variavam no seu LV entre 578,9cm^3 e 743,7cm^3. O pão de SKD-l apresentou o menor LV entre todos os pães e foi significativamente diferente (*P*<*0*,05) apenas das variedades Mehran e Abadgar. Por outro lado, o LV do Mehran foi o máximo e foi significativamente (*P*<*0*,05) diferente do das variedades Moomal e SKD-1.

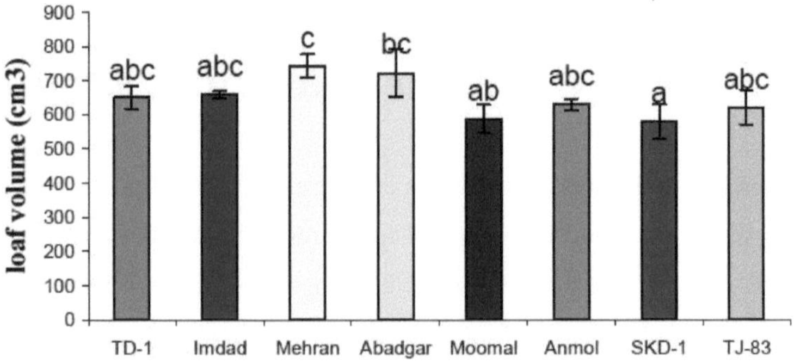

Figura-2 Volumes de pão de diferentes cultivares de HWSW. As barras marcadas com as mesmas letras não são significativamente diferentes a P<0,05.

O volume específico do pão (VLE) das cultivares paquistanesas de HWSW não apresentou grande variação (4,2-5,3cm^3/g), como se pode ver na Figura 3. O SLV foi encontrado mais alto em Mehran e Abadgar e mais baixo em Moomal e SKD-1. À semelhança do LH e do LV, o SLV do pão de Mehran e Abadgar foi significativamente diferente (*P<0*,05) do de Moomal e SKD-1.

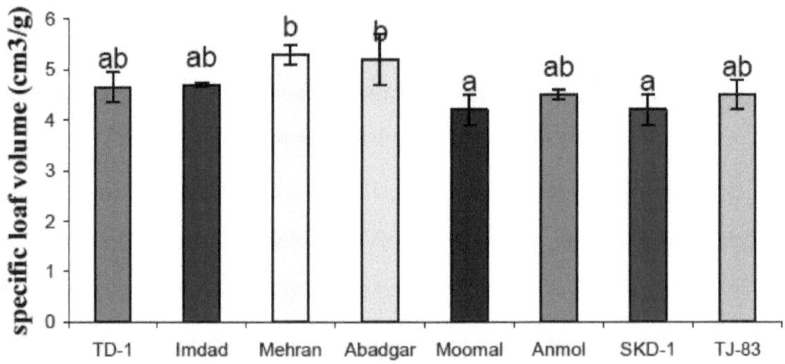

Figura-3 Volumes específicos de pão de forma de diferentes cultivares de HWSW. As barras marcadas com as mesmas letras não são significativamente diferentes a P<0,05.

3.1.1 Efeito dos pentosanos na LH, LV e SLV

A Figura 4 mostra uma comparação entre o LH, LV e SLV do controlo e pães suplementados com WEP de diferentes variedades HWSW. Os pães adicionados com 1% de WEP tinham pães 0,0 a 0,39 cm mais altos do que os pães de controlo. Observou-se um aumento adicional no LH quando os pães foram preparados com 2%

de farinhas adicionadas com WEP. A diferença entre o pão de controlo e o pão adicionado com 2% de WEP variou entre 0,19 e 0,79 cm.

A adição de farinhas com WEP não teve ou teve um ligeiro aumento no LV e SLV dos pães. O aumento do LV e do SLV com 1% de WEP em comparação com os pães de controlo variou entre 4,25 e 23,59 cm^3 e 0,0 e 0,12cm3/g, respetivamente. Um aumento adicional de WEP até 2%, mostrou um aumento adicional no seu LV e SLV. A diferença entre os pães de controlo e os pães adicionados com 2% de WEP no LV e SLV variou entre 15.95 e 53.64 cm^3 e 0.05 e 0.28 cm^3/g, respetivamente.

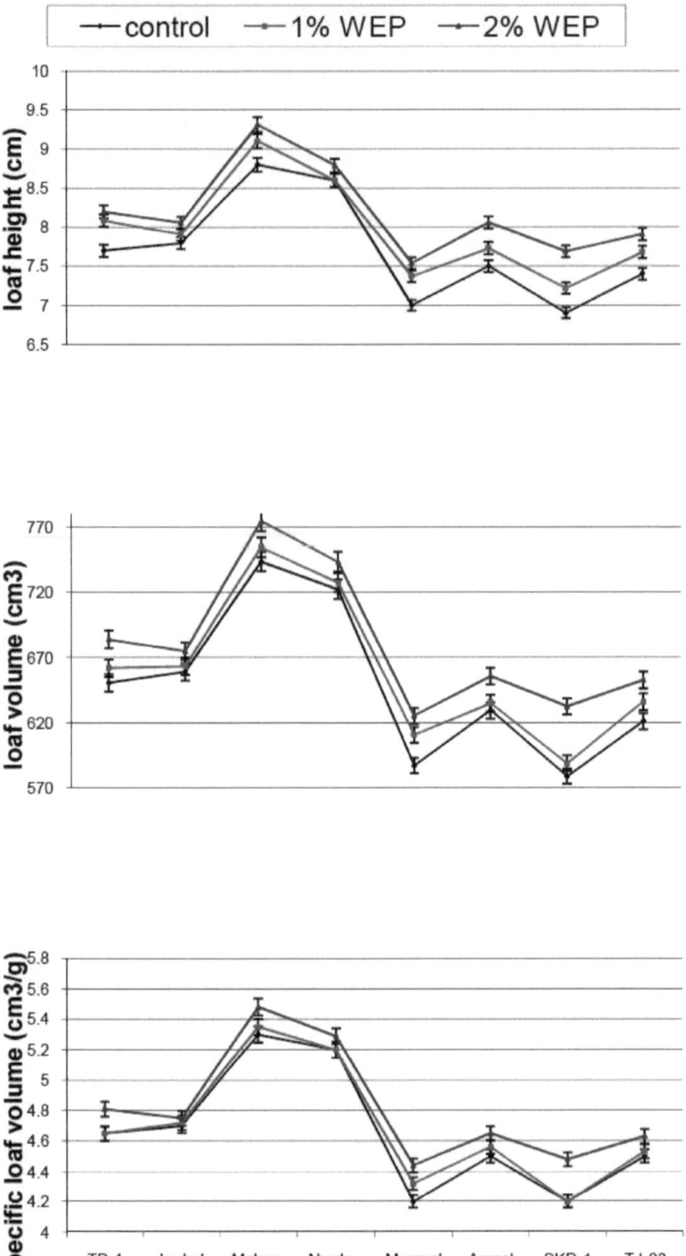

Figura-4 Alturas, volumes e volumes específicos dos pães de controlo e suplementados com WEP de diferentes cultivares de HWSW.

A figura 5 mostra a comparação entre a altura dos pães de controlo e os pães com adição de WUP de diferentes variedades de HWSW. A altura dos pães de controlo foi superior à dos pães adicionados de 1% de WUP. A diferença na altura dos pães de controlo e dos pães adicionados com 1% de WUP variou entre 1,1 e 2,7 cm. Foram observadas reduções adicionais na altura dos pães de controlo e dos pães adicionados com 2% de WUP, que variaram entre 1,95 e 3,7 cm.

Os pães de controlo tinham maior LV e SLV em comparação com os pães com WUP. A diferença entre os pães de controlo e os pães suplementados com 1% de WUP no LV e SLV variou de 122,5 a 277 cm^3 e 1,05 a 2,09 cm^3/g, respetivamente. O LV e o SLV diminuíram ainda mais quando as farinhas foram suplementadas com 2% de WUP. A diferença entre os pães de controlo e os pães adicionados com 2% de WUP no seu LV e SLV variou de 224,8 a 365 cm^3 e de 1,7 a 2,65 cm^3/g, respetivamente.

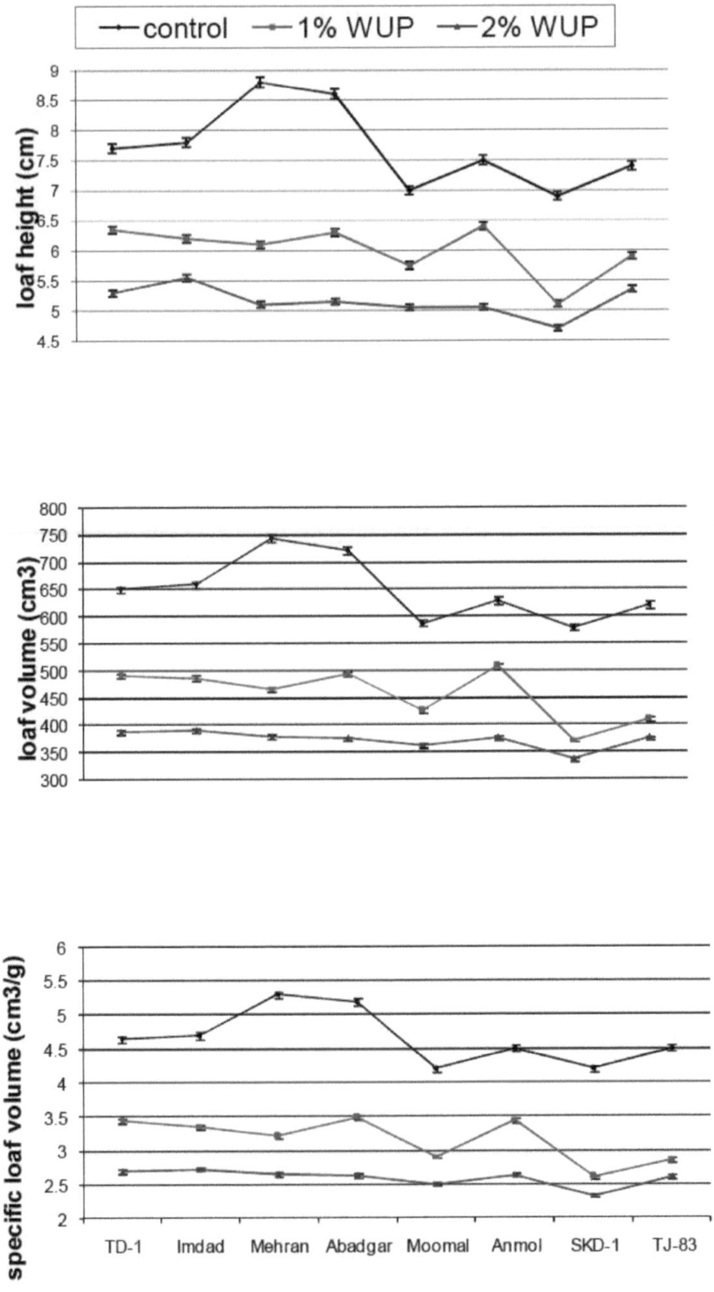

Figura-5 Alturas, volumes e volumes específicos dos pães de controlo e suplementados com WUP de diferentes cultivares de HWSW.

A Tabela 1 mostra a análise de variância para determinar os efeitos das diferenças varietais, WEP e WUP na altura do pão, volume e volume específico das cultivares HWSW. Verificou-se que apenas a WUP influenciou significativamente (*P*<*0*,001) a altura, o volume e o volume específico do pão das cultivares HWSW. Enquanto os efeitos da variedade, WEP e interações foram considerados estatisticamente insignificantes (*P*>*0*,05).

Quadro-1 Análise de variância para a altura, o volume e o volume específico do pão de oito cultivares de trigo branco duro de primavera.

Altura do pão de forma

Fonte	Soma de quadrados de tipo III	df	Quadrado médio	F	Sig.
Modelo corrigido	270.566	39	6.938	10.161	.000
Interceção	2465.999	1	2465.999	3611.620	.000
VARIEDADE	5.200	7	.743	1.088	.375
WUP	106.426	2	53.213	77.934	.000
WEP	4.004	2	2.002	2.932	.057
VARIEDADE * WUP	7.799	14	.557	.816	.651
VARIEDADE * WEP	.577	14	4.124E-02	.060	1.000
Erro	81.936	120	.683		
Total	8200.063	160			
Total corrigido	352.502	159			

R ao quadrado = 0,768 (R ao quadrado ajustado = 0,692)

Volume do pão de forma

Fonte	Tipo III Soma de Quadrados	df	Quadrado médio	F	Sig.
Modelo corrigido	2845554.970	39	72962.948	13.275	.000
Interceção	14785441.301	1	14785441.301	2690.129	.000
VARIEDADE	53494.666	7	7642.095	1.390	.215
WUP	1289129.611	2	644564.805	117.275	.000
WEP	16320.012	2	8160.006	1.485	.231
VARIEDADE * WUP	58895.289	14	4206.806	.765	.704
VARIEDADE * WEP	2528.318	14	180.594	.033	1.000
Erro	659542.050	120	5496.184		

Total	54332528.980	160			
Total corrigido	3505097.020	159			

R ao quadrado = .812 (R ao quadrado ajustado = .751)

Volume específico do pão de forma

Fonte	Soma de quadrados de tipo III	df	Quadrado médio	F	Sig.
Modelo corrigido	150.928	39	3.870	15.215	.000
Interceção	722.925	1	722.925	2842.157	.000
VARIEDADE	2.754	7	.393	1.547	.158
WUP	70.852	2	35.426	139.277	.000
WEP	.533	2	.266	1.047	.354
VARIEDADE * WUP	2.747	14	.196	.771	.698
VARIEDADE * WEP	.127	14	9.039E-03	.036	1.000
Erro	30.523	120	.254		
Total	2716.711	160			
Total corrigido	181.451	159			

R ao quadrado = .832 (R ao quadrado ajustado = .777)

3.1.1.1 EFEITO DO WEP EM LH, LV E SLV

A influência da WEP no LH, LV e SLV do pão de cada cultivar é mostrada na Figura 6. A adição de WEP aumentou ligeiramente o LH, LV e SLV de quase todos os pães de cultivar. No entanto, o aumento é considerado estatisticamente insignificante.

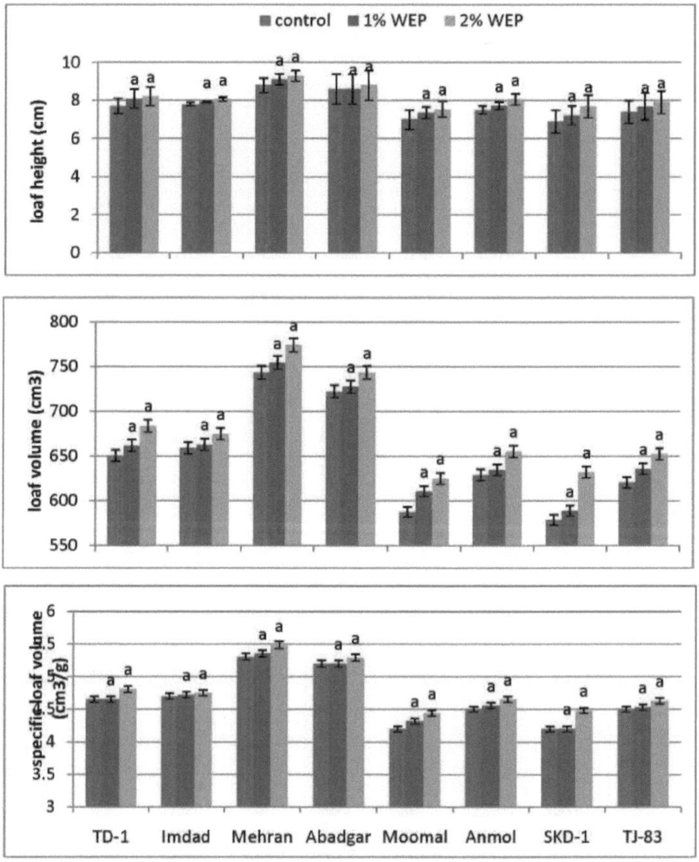

Figura-6 Efeito da WEP na altura dos pães, volumes específicos de diferentes cultivares de HWSW. As barras marcadas com "a" não são significativamente diferentes a P<0,05 do seu controlo.

A Figura 7 mostra o aumento percentual da altura, volume e volume específico do pão de diferentes cultivares de trigo. Verificou-se que a quantidade de WEP exerceu alguma influência na magnitude do aumento e estes atributos do pão de forma aumentaram com o aumento da concentração de WEP na farinha. Ao nível de 1% de adição de WEP, o aumento percentual na altura do pão, volume e volume específico dos pães variou de 0,0 a 5,3%; 0,6 a 4,0% e 0,0 a 2,9% respetivamente. Observou-se um aumento adicional com a adição de 2% de WEP, com um aumento percentual de 2,2-11,4%, 2,4-9,3% e 1,1-6,7% nos atributos do pão de forma, pela mesma ordem. A maior melhoria observada no pão de forma foi registada na variedade SKD-1, seguida da Moomal e da Anmol.

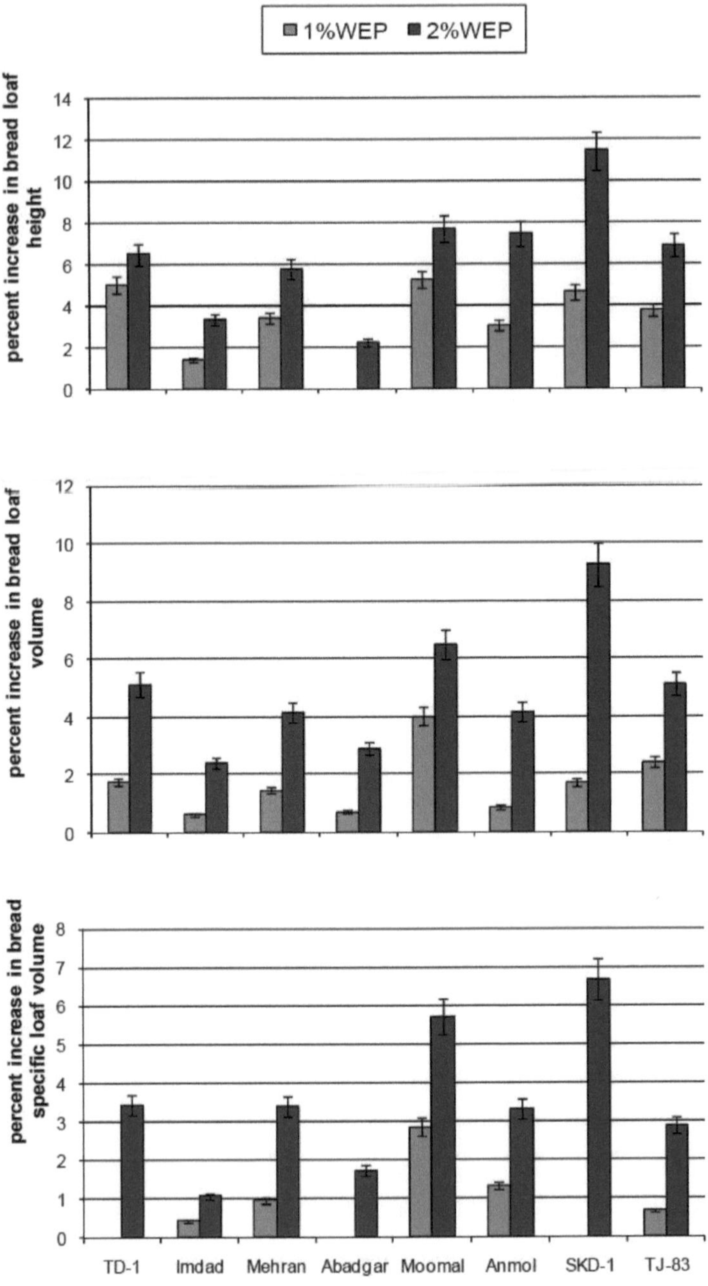

Figura-7 A magnitude do efeito da WEP (aumento percentual) no pão de forma, alturas, volumes e

volumes específicos das cultivares HWSW.

3.1.1.2 EFEITO DO WUP EM LH, LV E SLV

A Figura 8 mostra o efeito da WUP no LH, LV e SLV do pão de cada cultivar. É visível que a adição de WUP diminuiu significativamente (*P<0*,05) o LH, LV e SLV dos pães de todas as cultivares.

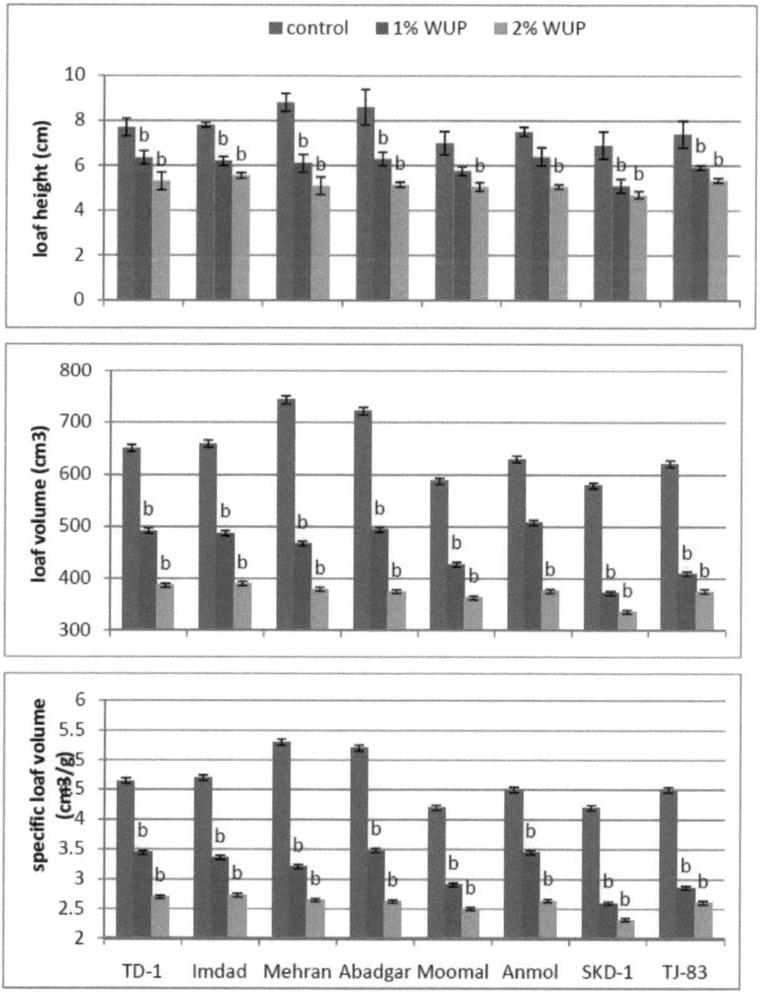

Figura-8 Efeito da WUP nas alturas, volumes e volumes específicos dos pães de diferentes cultivares de HWSW. As barras marcadas com "b" significam que são significativamente diferentes a P<0,05 do seu controlo.

A percentagem de diminuição da altura, do volume e do volume específico do pão de diferentes cultivares de trigo é apresentada na figura 9. Verificou-se que a quantidade de WUP diminuiu consideravelmente a altura, o volume e o volume específico do pão. Ao nível de 1% de adição, a percentagem de diminuição da altura do pão, do volume e do volume específico dos pães variou entre 14,7 e 30,7%; 19,5 e 37,2% e 23,3 e 39,4%, respetivamente. Observou-se uma diminuição ainda maior com a adição de 2% de WUP, com uma diminuição percentual de 27,7-42%, 38,3-49,1% e 40,5-50% nos atributos do pão de forma, pela mesma ordem. A diminuição máxima foi registada no pão de forma das variedades Mehran e Abadgar.

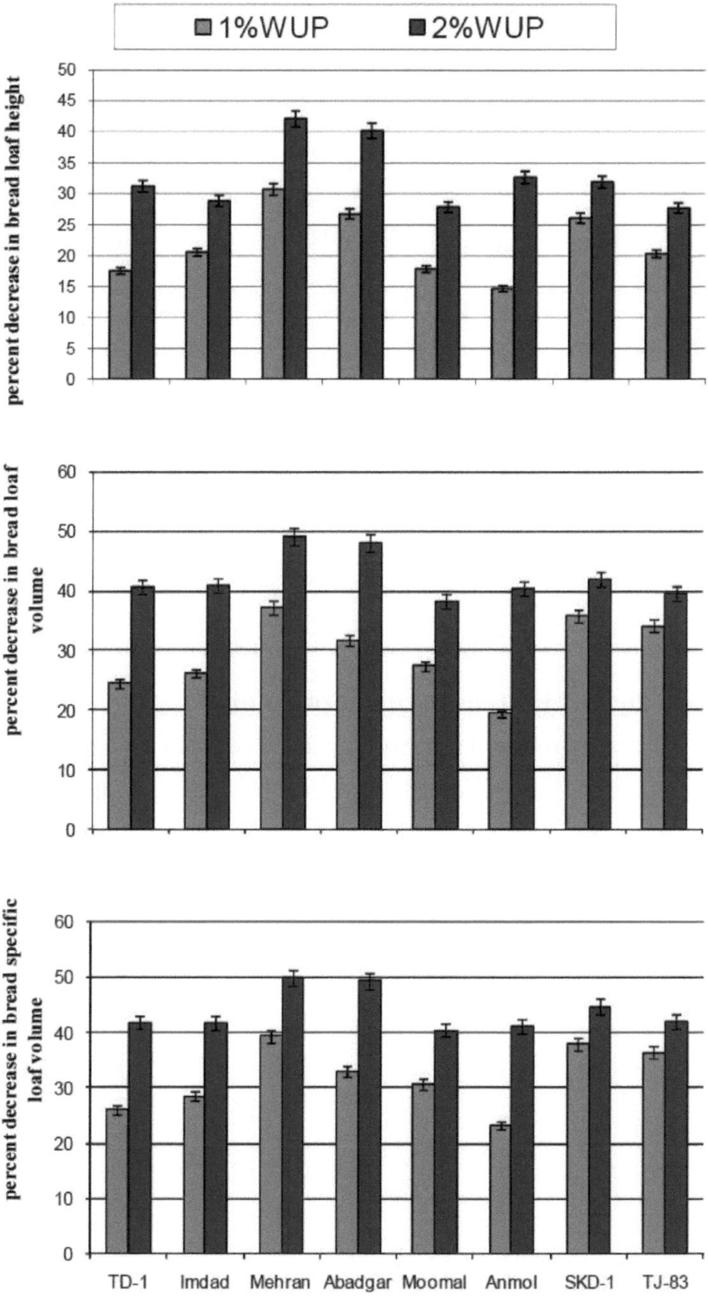

Figura-9 A magnitude do efeito do WUP (diminuição percentual) nas alturas, volumes e volumes específicos de loa de pão das cultivares HWSW.

3.2 FIRMEZA DO MIOLO

A firmeza do miolo dos pães de diferentes cultivares de HWSW é mostrada na Figura 10. A firmeza do pão de todas as variedades variou entre 820 e 922 g. Os valores mais altos e mais baixos de firmeza são mostrados nos pães de SKD-1 e Mehran, respetivamente, e foram significativamente (*P<0,05*) diferentes uns dos outros.

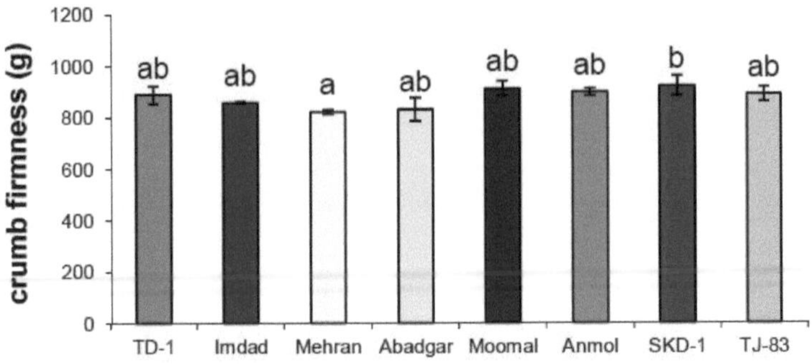

Figura-10 Firmeza do miolo de pães de diferentes cultivares de HWSW.

3.2.1 Efeito dos pentosanos na firmeza do miolo

A figura 11 mostra a firmeza do miolo do pão de controlo e do pão adicionado de pentosano de diferentes variedades. Verificou-se que a adição de pentosano diminuiu a firmeza do miolo dos pães. Com 1% de adição com WUP e WEP, a diminuição da firmeza do miolo variou de 27,77 a 70,53g e 98,6 a 202,63g, respetivamente. Com 2% de adição de pentosano, a firmeza do miolo diminuiu ainda mais e variou de 49,01 a 109,97 (WUP) e 92,12 a 231,89 (WEP).

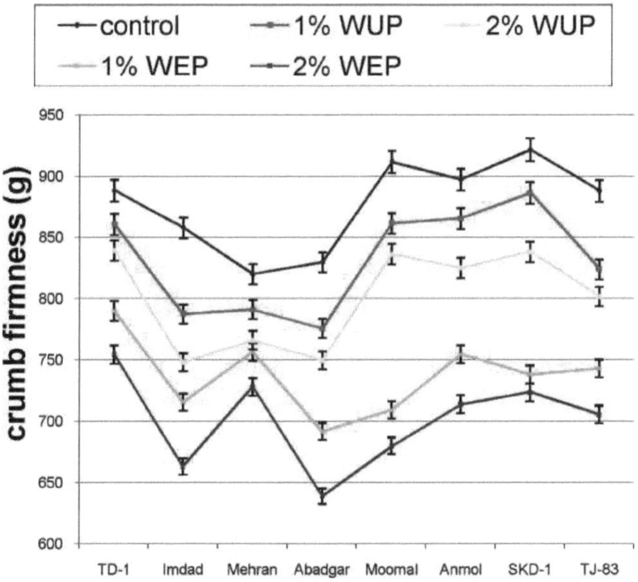

Figura-11 Firmeza do miolo dos pães de controlo e suplementados com pentosano de diferentes cultivares HWSW.

O efeito da adição de WEP e WUP foi altamente significativo (*P<0*,001) na firmeza do miolo dos pães (Tabela 2). No entanto, o impacto do WEP foi maior em comparação com o WUP. As interações variedade× WEP e variedade× WUP não influenciaram a firmeza do miolo dos pães.

Quadro-2 Análise de variância para a firmeza do miolo de pão de oito cultivares de trigo branco duro de primavera.

Fonte	**Soma de quadrados de tipo III**	**df**	**Quadrado médio**	**F**	**Sig.**
Modelo corrigido	846120.452	39	21695.396	8.580	.000
Interceção	30787387.193	1	30787387.193	12175.747	.000
VARIEDADE	67259.156	7	9608.451	3.800	.001
WUP	94069.142	2	47034.571	18.601	.000
WEP	552689.734	2	276344.867	109.288	.000

VARIEDADE * WUP	6970.007	14	497.858	.197	.999
VARIEDADE * WEP	36854.609	14	2632.472	1.041	.418
Erro	303429.957	120	2528.583		
Total	100852128.185	160			
Total corrigido	1149550.408	159			

R ao quadrado = 0,736 (R ao quadrado ajustado = 0,650)

3.2.1.1 EFEITO DO WEP NA FIRMEZA DO MIOLO

O impacto da adição de WEP na firmeza do miolo do pão de cada cultivar é mostrado na Figura 12. Verificou-se que a adição de WEP diminuiu significativamente (*P<0*,05) os valores de firmeza do miolo do pão de todas as variedades.

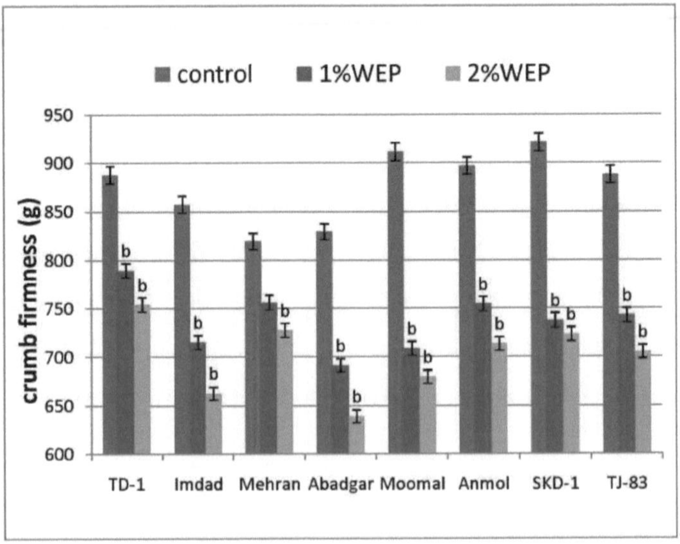

Figura-12 Efeito da WEP na firmeza do miolo de pães de diferentes cultivares de HWSW. As barras marcadas com "b" significam que são significativamente diferentes a P<0,05 do seu controlo.

A Figura 13 mostra a diminuição percentual da firmeza em relação aos respectivos valores de controlo após a adição de WEP a 1 e 2%. A redução da firmeza aumentou com o aumento da concentração de WEP nos pães de todas as cultivares. Ao nível de 1% de adição, a diminuição da firmeza variou de 7 a 22% e uma redução adicional (11-25%) nos valores de firmeza foi observada com a adição de 2% de WEP. As maiores reduções foram encontradas nos pães de Moomal, Abadgar e Imdad.

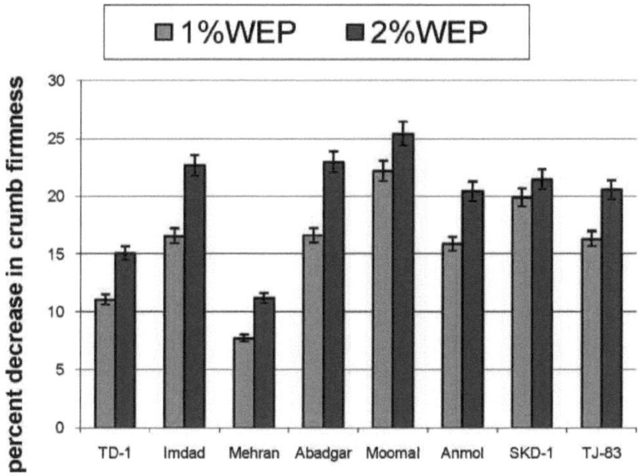

Figura-13 A magnitude do efeito da WEP (diminuição percentual) na firmeza do miolo de pão das cultivares HWSW.

3.2.1.2 EFEITO DO WUP NA FIRMEZA DO MIOLO

A Figura 14 mostra o impacto do WUP na firmeza do miolo do pão de cada cultivar. Verificou-se que a adição de WUP até o nível de 2% diminuiu a firmeza do miolo de todos os pães da cultivar. No entanto, a diminuição foi estatisticamente insignificante ($P>0,05$) na firmeza do pão de todas as cultivares, exceto Imdad, ao nível de 2% de suplementação.

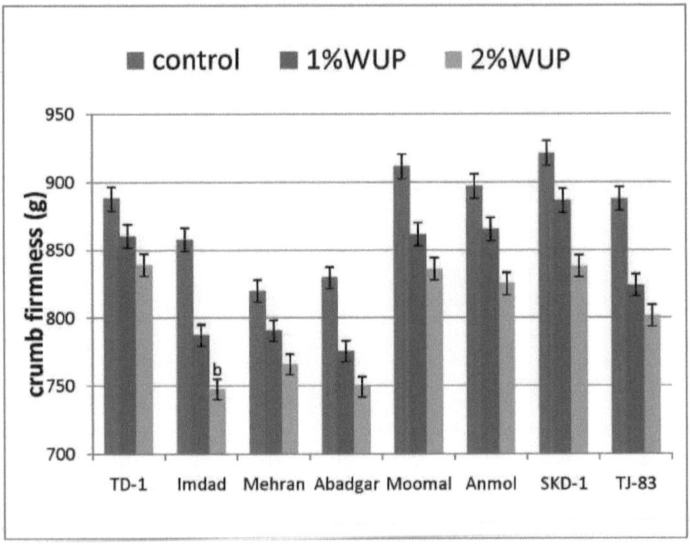

Figura-14 Efeito da WUP na firmeza do miolo dos pães de diferentes cultivares de HWSW. As barras marcadas com "b" significam diferenças significativas a P<0,05 em relação ao seu controlo.

A Figura 15 mostra a redução percentual da firmeza do miolo com a adição de WUP. Verificou-se que a firmeza dos pães HWSW estava inversamente relacionada com a quantidade de WUP. A redução percentual da firmeza do pão com níveis de suplementação de 1% e 2% variou entre 3% e 8% e entre 5% e 13%, respetivamente. As reduções mais elevadas e mais baixas foram observadas nos pães de Imdad e TD-1, respetivamente.

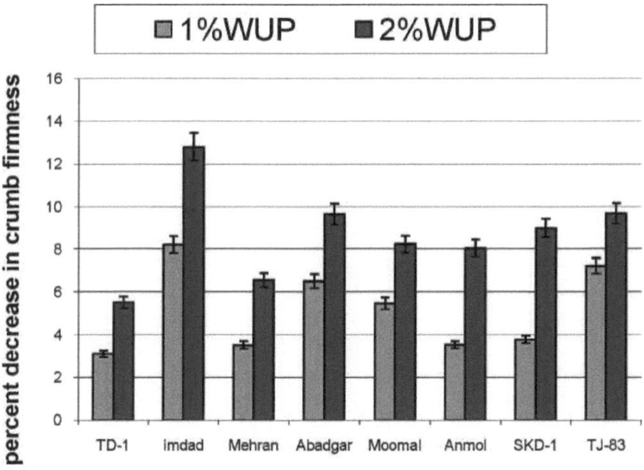

Figura-15 A magnitude do efeito do WUP (diminuição percentual) na firmeza do miolo do pão das cultivares HWSW.

3.3 ATRIBUTOS SENSORIAIS DO PÃO

A Tabela 3 mostra os atributos sensoriais dos pães de diferentes cultivares. O pão de Mehran obteve a pontuação mais elevada, com diferenças significativas ($P<0,05$) em relação ao pão de Moomal, Anmol e SKD-1. Os pães de Moomal e SKD-1 receberam a pontuação sensorial mais baixa entre os pães de todas as variedades. As diferenças na pontuação sensorial são o resultado da qualidade externa e interna dos pães. As massas de todas as farinhas tinham propriedades suaves e elásticas e apresentavam caraterísticas desejáveis durante o manuseamento. O exterior do pão é um fator importante na avaliação sensorial. Os pães de Moomal e SKD-1 obtiveram pontuações baixas nos atributos externos, como simetria, carácter da crosta e cor da crosta, em comparação com os pães de todas as outras variedades. A propriedade de quebrar e desfiar foi quase do mesmo nível em todos os pães. As migalhas de todos os pães tinham cor semelhante, sabor, aroma e sensação na boca. Apenas o pão de Moomal tinha um paladar grosseiro. As migalhas do Moomal e do SKD-1 obtiveram pontuações baixas nos atributos internos, nomeadamente grão, textura e suavidade. O pão de Mehran foi superior em atributos externos e internos entre os pães de todas as variedades.

Tabela-3 Atributos sensoriais de pães de diferentes cultivares de HWSW.

	Pontuação da massa (27)	Pontuação externa (18)	Pontuação interna (55)	Pontuação total (100)
TD-1	25±0b	15±1,8bc	46±1,8bc	86±3,5bc
Imdad	24±0.4a	17±0,5cd	46±1,3bc	87±0,8bc
Mehran	24±0.3a	18±0.4d	48±0.4c	90±1c
Abadgar	25±0,3ab	17±0,6cd	45±0,3abc	87±0,4bc
Moomal	25±0,3ab	10±0.4a	42±0,6ab	77±0.6a
Anmol	25±0,3ab	16±0,9bcd	41±2.9a	82±3,4ab
SKD-1	24±0.4a	13±0.9b	40±0.4a	77±1.3a
TJ-83	25±0b	16±0,9bcd	42±2ab	83±2,9abc

Os valores com as mesmas letras não são significativamente diferentes a $P<0{,}05$.

3.2.1 Efeito dos pentosanos nos atributos sensoriais do pão

A figura 16 mostra os atributos sensoriais dos pães de controlo e dos pentosanos adicionados de diferentes cultivares. Os pães adicionados com WUP receberam classificações mais baixas, enquanto que os pães adicionados com WEP receberam classificações mais elevadas nos seus atributos sensoriais, em comparação com os pães de controlo.

Todos os pães com adição de WUP (exceto o Moomal) obtiveram classificações mais baixas para a sua aparência externa em comparação com os pães de controlo. Os pães de Mehran, Imdad e TJ-83 obtiveram classificações muito mais baixas do que os respectivos pães de controlo nos seus atributos externos, tais como simetria, carácter da crosta e cor. Por outro lado, as classificações baseadas em atributos externos (viz. simetria, carácter da côdea e cor) foram iguais ou superiores nos pães adicionados com WEP do que nos pães de controlo.

Os pães com 1% de adição de WUP de todas as variedades (exceto Abadgar, Anmol e SKD-1) receberam classificações internas baixas do que os seus pães de controlo. Os pães com 1% de WUP e os pães de controlo de Abadgar e SKD-1 obtiveram classificações semelhantes, ao passo que o pão com 1% de WUP adicionado de Anmol obteve classificações mais elevadas do que o seu pão de controlo. No entanto, os pães com adição de 2% de WUP de todas as variedades receberam classificações inferiores às dos pães de controlo. As maiores diferenças foram encontradas no pão feito com farinha de Mehran.

As migalhas dos pães adicionados de WEP receberam classificações mais elevadas nos atributos internos (por exemplo, grão, textura, suavidade, sabor, aroma e sensação na boca) em comparação com os respectivos pães de controlo. A diferença nas pontuações internas dos pães de controlo em relação aos pães adicionados com 1% de WEP e 2% de WEP variou entre 1 e 4 e 3 e 7, respetivamente.

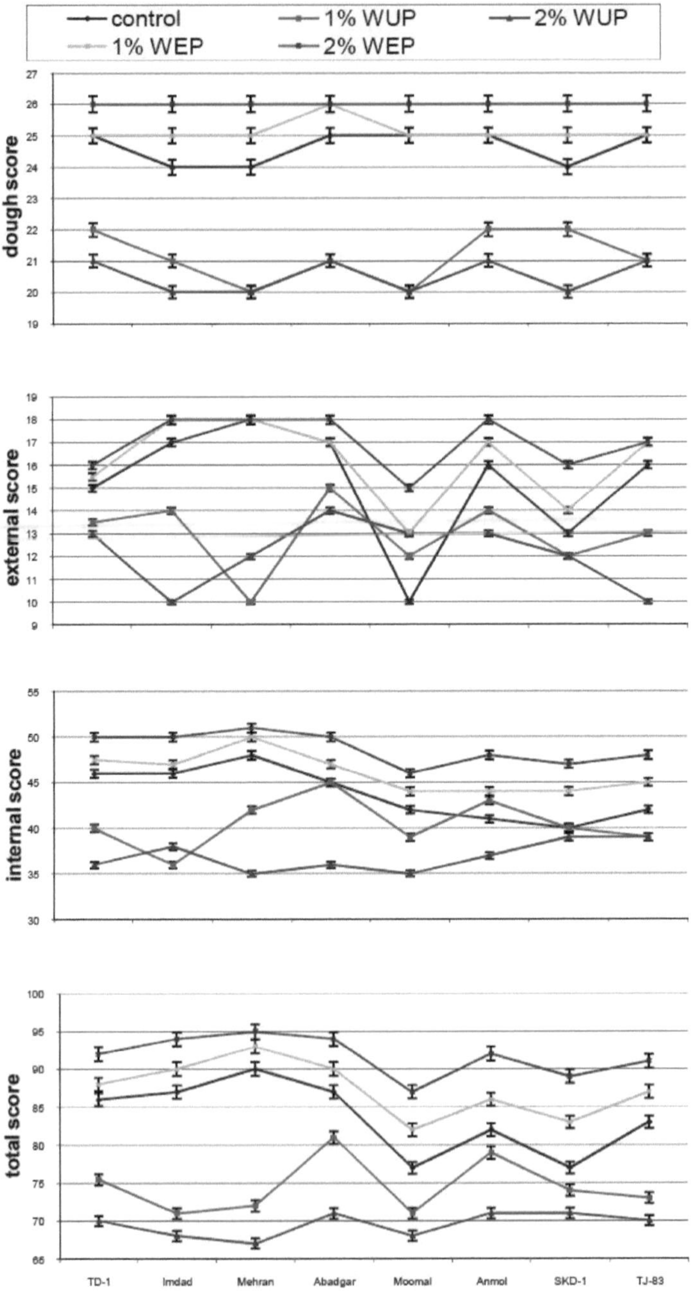

Figura-16 Atributos sensoriais dos pães de controlo e suplementados com pentosano de diferentes cultivares de HWSW.

A Tabela 4 mostra a análise de variância para determinar os efeitos das diferenças varietais, WEP e WUP nos atributos sensoriais dos pães HWSW. Os resultados indicam que o WEP e o WUP influenciaram significativamente (*P<0*,001) os atributos sensoriais dos pães. No entanto, o efeito do WUP foi muito maior do que o do WEP nas pontuações sensoriais do pão. O efeito da variedade e das interações foi insignificante (*P>0*,05). A variedade× A interação WUP também teve uma influência significativa (*P<0*,001) nas pontuações externas do pão.

Quadro-4 Análise de variância para os atributos sensoriais do pão de oito cultivares de trigo branco duro de primavera.

Pontuação da massa

Fonte	Tipo III Soma dos quadrados	df	Quadrado médio	F	Sig.
Modelo corrigido	892.600	39	22.887	26.665	.000
Interceção	29322.225	1	29322.225	34161.816	.000
VARIEDADE	8.175	7	1.168	1.361	.228
WUP	326.021	2	163.010	189.915	.000
WEP	36.083	2	18.042	21.019	.000
VARIEDADE * WUP	10.979	14	.784	.914	.546
VARIEDADE * WEP	5.417	14	.387	.451	.954
Erro	103.000	120	.858		
Total	87858.00 0	160			
Total corrigido	995.600	159			

R ao quadrado = 0,897 (R ao quadrado ajustado = 0,863)

Pontuação externa

Fonte	Soma de quadrados de tipo III	df	Quadrado médio	F	Sig.
Modelo corrigido	976.400	39	25.036	10.031	.000
Interceção	11492.100	1	11492.100	4604.514	.000
VARIEDADE	29.800	7	4.257	1.706	.114
WUP	173.583	2	86.792	34.775	.000
WEP	45.583	2	22.792	9.132	.000

Fonte	Tipo III Soma dos quadrados	df	Quadrado médio	F	Sig.
VARIEDADE * WUP	192.417	14	13.744	5.507	.000
VARIEDADE * WEP	37.417	14	2.673	1.071	.391
Erro	299.500	120	2.496		
Total	35032.000	160			
Total corrigido	1275.900	159			

R ao quadrado = 0,765 (R ao quadrado ajustado = 0,689)

Pontuação interna

Fonte	Soma de quadrados de tipo III	df	Quadrado médio	F	Sig.
Modelo corrigido	3448.094	39	88.413	3.794	.000
Interceção	104806.406	1	104806.406	4496.923	.000
VARIEDADE	52.644	7	7.521	.323	.942
WUP	738.062	2	369.031	15.834	.000
WEP	400.000	2	200.000	8.581	.000
VARIEDADE * WUP	383.104	14	27.365	1.174	.304
VARIEDADE * WEP	38.667	14	2.762	.119	1.000
Erro	2796.750	120	23.306		
Total	301655.0 00	160			
Total corrigido	6244.844	159			

R ao quadrado = 0,552 (R ao quadrado ajustado = 0,407)

Pontuação total

Fonte	Soma de quadrados de tipo III	df	Quadrado médio	F	Sig.
Corrigido Modelo	12308.994	39	315.615	8.377	.000
Interceção	365287.656	1	365287.656	9695.221	.000
VARIEDADE	184.794	7	26.399	.701	.671
WUP	3241.583	2	1620.792	43.018	.000
WEP	1016.646	2	508.323	13.492	.000
VARIEDADE * WUP	639.083	14	45.649	1.212	.276
VARIEDADE * WEP	70.687	14	5.049	.134	1.000
Erro	4521.250	120	37.677		
Total	1069995.000	160			
Total corrigido	16830.244	159			

R ao quadrado = .731 (R ao quadrado ajustado = .644)

A Figura 17 mostra os efeitos da WEP e da WUP na qualidade sensorial dos pães. Verificou-se que o efeito de ambas as fracções de pentosanas foi altamente significativo ($P<0{,}001$). No entanto, a adição de WUP diminuiu e a de WEP aumentou a qualidade sensorial dos pães.

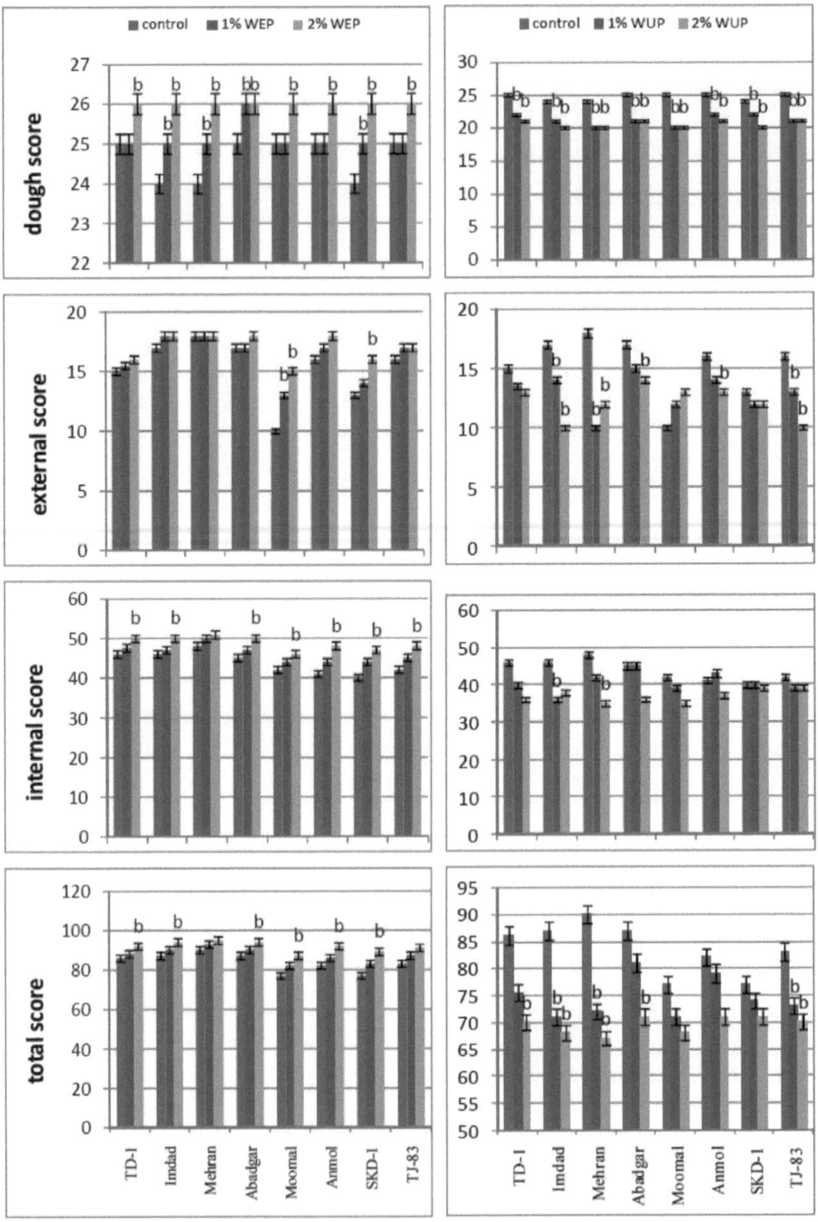

Figura-16 Efeito do WEP e do WUP nos atributos sensoriais do pão de diferentes variedades de trigo. As barras marcadas com "b" significam uma diferença significativa em relação ao controlo a P<0,05.

3.4 PAPEL DAS PENTOSANAS NOS ATRIBUTOS DE QUALIDADE DO PÃO

Os atributos físicos de qualidade do pão de forma, incluindo a altura, o volume e o volume específico, são parâmetros importantes para determinar a qualidade do pão. Estas caraterísticas são também úteis para determinar a aceitabilidade do pão pelos consumidores. A composição, as propriedades e as condições de mistura da farinha são geralmente responsáveis pelas dimensões do pão. Vários trabalhadores referiram o papel de vários componentes na determinação da qualidade do produto final. Weegels et al (1996) salientaram a importância das subunidades de glutenina no volume do pão. Hoseney et al (1969) referiram a influência insignificante dos componentes solúveis em água no volume do pão. Roach et al (1992) indicaram que o cloreto de cálcio não desempenha qualquer papel na melhoria do volume do pão de forma. O conteúdo e a composição da proteína presente na farinha influenciam a qualidade de cozedura do pão francês, tal como referido por Tronsmo et al (2002). No caso do biscoito, a maior quantidade de pentosana solúvel em água e total é considerada indesejável, pois pode produzir um produto de baixo diâmetro (Bettge e Morris 2000; Kaldy et al 1991). Como a quantidade de pentosanas está geralmente associada à capacidade de absorção de água da farinha e apoia o fabrico de pão. Os resultados apresentados nas secções 3.1 a 3.3 são discutidos abaixo.

Os resultados do presente estudo revelam que a WEP não teve um efeito significativo, enquanto a WUP influenciou significativamente ($P<0{,}001$) a LH, LV e SLV do pão das cultivares HWSW.

Verificou-se que a WUP teve um impacto negativo significativo ($P<0{,}05$) na LH, LV e SLV de todos os pães de todas as cultivares. Estes resultados estão de acordo com estudos anteriores (Courtin et al 2001; Rouau et al 1994). Estes resultados limitam a utilização apenas da WUP para o desenvolvimento de pães com alto teor de fibras. Entre as variedades estudadas, o impacto negativo mais pronunciado foi observado no pão da variedade Mehran e Abadgar.

Verificou-se também que a suplementação de farinhas com WEP até 2% não teve nenhuma ou teve uma ligeira melhoria na sua LH, LV e SLV de pães. No entanto, estes foram considerados estatisticamente insignificantes em todos os atributos do pão. O impacto positivo da WEP no LV e SLV dos pães também foi relatado em alguns outros estudos (Costas et al 1995; Denli e Ercan 2001). Courtin et al (1999) descobriram o papel positivo das pentosanas solúveis em água no volume do pão. Além disso, os PSA isolados de outras fontes de cereais como o arroz e o ragi mostraram efeitos benéficos na qualidade da massa e do pão (Rao et al 2007). Rouille et al (2005) estudaram o impacto dos componentes solúveis em água no volume específico do pão e na estrutura do miolo. Registaram a melhoria do volume específico do pão e a diminuição da finura do pão francês devido às fracções solúveis. Gan et al (1995) sugeriram que as pentosanas e as proteínas solúveis apoiam as células arejadas durante a fermentação e a cozedura. Wang et al (2002) sugeriram que o papel positivo das WEP se deve à influência na formação do glúten ou às interações com lípidos não polares. Assim, pode concluir-se que a WEP pode ser incorporada na formulação de pão com elevado teor de fibras sem alterar o seu aspeto físico.

Maeda e Morita (2003) verificaram o impacto positivo das fracções de pentosanas solúveis e insolúveis em água nos atributos de qualidade do pão. As pentosanas foram obtidas das camadas mais internas do trigo mole por polimento. Rouille et al (2005) indicaram a influência positiva dos componentes solúveis (pentosanos e proteínas) no volume do pão. Michniewicz et al (1992) verificaram o efeito positivo das pentosanas solúveis em água e uma influência insignificante das pentosanas insolúveis em água no volume específico do pão.

A firmeza do miolo do pão em gramas foi medida utilizando uma máquina de testes universal. Rosell et al (2001b) referiram que a adição de hidrocolóides na farinha é benéfica para a qualidade do pão e pode produzir um miolo de pão mais macio. Os resultados do presente estudo indicam que as migalhas dos pães adicionados de pentosanas são mais macias do que as dos pães de controlo. O impacto dos pentosanos na firmeza do miolo do pão também foi constatado por alguns outros trabalhadores (Costas et al 1995; Izydorczyk et al 1991; Martinez-Anaya e Jimenez 1997).

Os resultados também indicam que o impacto do WEP foi muito maior do que o WUP na firmeza do miolo dos pães. A adição de WEP melhorou a qualidade do miolo, diminuindo significativamente ($P<0,05$) os valores de firmeza do miolo de todos os pães da cultivar. Alguns trabalhadores também relataram a melhoria da textura do miolo com a adição de WEP (Costas et al 1995; Izydorczyk et al 1991). Outros estudos descreveram que a firmeza do miolo do pão pode ser melhorada pela hidrólise enzimática do WUP em WEP (Martinez-Anaya e Jimenez 1997). A adição de fibras alimentares de diferentes fontes de cereais à farinha de trigo reduz a firmeza do miolo dos pães (Lebesi e Tzia 2011). Wang et al (2002) indicaram a redução notável na firmeza do miolo após a adição de polissacáridos sem amido.

A avaliação sensorial é uma avaliação subjectiva e, por conseguinte, é geralmente efectuada em complemento de outras medições, como o VE e a VVS. Tem sido referida como estando altamente relacionada com o LV (Bhatt e Derera 1975; Mladenov et al 2001). As avaliações sensoriais dos pães foram efectuadas de acordo com as orientações de Sutton (2002). Foram estudados vários atributos sensoriais do pão, incluindo as cores da côdea e do miolo, o odor, a textura, o sabor, a mastigação, o amargor e a aceitabilidade global, sendo os resultados discutidos em seguida.

Os resultados indicam que as farinhas adicionadas de pentosano (WUP e WEP) requerem mais água do que as farinhas de controlo para o desenvolvimento da massa. O aumento da proporção de pentosano na farinha aumenta a necessidade de água da farinha para o fabrico da massa (Biliaderis et al 1995). As farinhas com elevada absorção de água são geralmente adequadas para o fabrico de pão. Mas este pode não ser apenas o critério para fazer massa dura. Devido ao manuseamento fora da amassadeira e na maquilhagem, as massas adicionadas de WUP receberam classificações mais baixas do que as massas de controlo. O aumento da resistência à extensão da massa e a diminuição da extensibilidade da massa também foram registados por outros trabalhadores (Courtin et al 1999; Michniewicz et al 1991). No entanto, as massas adicionadas com WEP apresentaram melhores caraterísticas fora da batedeira e na confeção, pelo que as massas adicionadas com WEP receberam classificações iguais ou superiores às das massas de controlo.

Os efeitos das pentosanas na qualidade sensorial dos pães foram altamente significativos ($P<0,001$), mas ambas as fracções de pentosanas mostraram impactos opostos nos atributos sensoriais dos pães. Verificou-se que a WUP teve efeitos negativos, enquanto a WEP mostrou efeitos positivos na qualidade sensorial dos pães. Outros trabalhadores também relataram um efeito positivo da WEP na massa (Rouau et al 1994). Melhorias na aparência do pão com a adição de WEP na formulação do pão também foram relatadas por Maeda e Morita (2003) e Primo-Martin e Martinez-Anaya (2003). Outros relatórios sugerem uma melhoria na estrutura do miolo com a adição de WEP (Hammer 1995; Poutanen 1997).

CAPÍTULO 4. RESUMO

Para investigar o impacto das duas principais fracções de pentosanas, isto é, as fracções extraíveis com água (WEP) e as não extraíveis com água (WUP), na qualidade do pão, estas fracções foram isoladas separadamente do trigo e suplementadas com níveis de 1 e 2% nas farinhas de oito variedades de trigo duro.

O impacto global da suplementação de farinhas de trigo com as fracções WEP e WUP de pentosano está resumido no quadro abaixo.

Os resultados do presente estudo revelam que a WEP não teve um efeito significativo, enquanto a WUP influenciou significativamente ($P<0{,}001$) a LH, LV e SLV do pão das cultivares HWSW. No entanto, o impacto do WUP foi negativo, uma vez que a adição de WUP diminuiu as dimensões do pão. Por outro lado, a suplementação de farinhas com WEP não proporcionou qualquer melhoria ou proporcionou uma ligeira melhoria na sua HL, LV e SLV dos pães. Os impactos das pentosanas foram considerados intensos a um nível de concentração mais elevado. As adições de WEP parecem apoiar a estrutura do pão em geral, mas em algumas variedades mantiveram a aparência e noutras aumentaram as dimensões do pão.

Outro atributo considerado pelo consumidor para verificar a qualidade do pão é a sua firmeza. Ambos os pentosanos mostraram impactos positivos. Os pães adicionados com pentosanos possuíam migalhas mais macias do que os pães de controlo. No entanto, o impacto do WEP foi muito maior (cerca de 6 vezes) do que o do WUP. A adição de WEP também melhorou a qualidade do miolo em termos de valores de firmeza de forma mais pronunciada em comparação com o WUP, diminuindo a firmeza do miolo do pão.

As avaliações sensoriais também confirmaram as conclusões analíticas deste estudo. A avaliação subjectiva do manuseamento da massa fora da amassadeira e na maquilhagem mostra que a adição de WUP aumentou a resistência à extensão e diminuiu a extensibilidade da massa. No entanto, as massas adicionadas de WEP apresentaram melhores caraterísticas fora da amassadeira e na maquilhagem.

Os efeitos das pentosanas na qualidade sensorial dos pães, incluindo as caraterísticas do miolo e da côdea, foram altamente significativos. Mas ambas as fracções de pentosanas mostraram impactos opostos nos atributos sensoriais dos pães. Verificou-se que o WUP teve efeitos negativos, enquanto o WEP mostrou efeitos positivos na qualidade sensorial dos pães.

Os resultados do presente estudo clarificam bastante o papel dos pentosanos na determinação da funcionalidade das farinhas de trigo para a panificação. São evidentes as diferenças no impacto global (em termos de tipo e magnitude), bem como o impacto das pentosanas dentro da variedade. Os resultados sublinham ainda o impacto do tipo e do nível de pentosanos nas propriedades da farinha no pão. É evidente que ambos os tipos de pentosanos têm impactos diferentes nas propriedades do pão. Também é claro que a WEP desempenha um papel mais consistente e positivo no aumento da funcionalidade da farinha em comparação com a WUP. Isto mostra que a suplementação com WEP pode ser utilizada eficazmente para otimizar a composição da farinha, tornando-a mais adequada para produtos de panificação específicos. A presente investigação produziu, portanto, resultados importantes para a indústria de panificação. Para além de outros efeitos benéficos da WEP, por exemplo, melhoria da textura e do volume, o seu papel no retardamento do processo de endurecimento do pão pode ser utilizado pela indústria para aumentar o prazo de validade dos seus produtos. Esta investigação também fornece pistas aos criadores de plantas para o futuro melhoramento das variedades de trigo, através do melhoramento convencional ou da manipulação genética, para otimizar os níveis e a composição das pentosanas para utilizações específicas em aplicações de valor acrescentado das farinhas.

Quadro-5 Impacto dos pentosanos nas propriedades funcionais do trigo.

PROPRIEDADES	IMPACTO DOS PENTOSANOS							
	IMPACTO GLOBAL				DENTRO DA VARIEDADE			
	Aumento ou diminuição em relação ao controlo (%)		Nível de significância					
					WEP		WUP	
	WEP	WUP	WEP	WUP	1%	2%	1%	2%
Propriedades do pão								
Altura do pão	+5	-27	ns	***	Ns	ns	*	*
Volume do pão	+3	-36	ns	***	Ns	ns	*	*
Volume específico do pão	+2	-38	ns	***	Ns	ns	*	*
Firmeza do miolo	-18	-7	***	***	≠ *(3)	*	ns	ns≠ 2

± = **Inconsistente**
- = **Diminuir**
+ = **Aumentar**
ns = **não significativo**
* = **significativo a P<0,05**
** = **significativo a P<0,01**
*** = **significativo a P<0,001**
WEP = Pentosano extraível com água
WUP = Pentosano não extractável em água

=Não significativo
*** =Significativo a P<0,05**
≠ =Com exceção de:
1=TD-1
2=Imdad
3=Mehran
4=Abadgar
5=Moomal
6=Anmol
7=SKD-1
8=TJ-83

REFERÊNCIAS

AACC. 2000. Approved Methods of the American Assoc. of Cereal Chemists (Métodos aprovados pela Associação Americana de Químicos de Cereais). Minnesota, EUA.

Arif., S. 2012. Estudos sobre o papel do pentosano nas variedades de trigo de primavera branco duro do Paquistão. Tese.

Bettge, A., e Morris, C. F. 2000. Relações entre dureza do grão, fracções de pentosanas e qualidade de utilização final do trigo. Cereal Chem. 77:241-247.

Bhatt, G. M., e Derera, N.F. 1975. Genotype x environment interactions for, heritabilities of, and correlations among quality traits in wheat. Euphytica 24:597-604.

Biliaderis, C. G., Izydorczyk, M. S., e Rattan, O. 1995. Efeito dos arabinoxilanos na qualidade de panificação das farinhas de trigo. Food Chem. 5:165-171.

Carpita, N. C., e Gibeaut, D. M. 1993. Modelos estruturais de paredes celulares primárias em plantas com flores: Consistência da estrutura molecular com as propriedades físicas das paredes durante o crescimento. Plant J. 3:1-30.

Cleemput, G., Van Oort, M., Hessing, M., Bergmans, M. E. F., Grupen, H., Grobet, P. J., e Delcour, J. A. 1995. Variação no grau de substituição de D-xilose em arabinoxilanos extraídos de uma farinha de trigo europeia. J. Cereal Sci. 22:73-84.

Costas, G., Biliaderis, M., Izydorczyk, S., e Rattan, O. 1995. Effect of arabinoxylans on bread-making quality of wheat flour. Food Chem. 53:165-171.

Courtin, C e Delcour, J. A. 2002. Arabinoxylans and endoxylanases in wheat flour bread-making. Journal of cereal science 35: 225-243.

Courtin, C. M., Roelants, A., e Delcour, J. A. 1999. Fractionationreconstitution experiments provide insight into the role of endoxylanases in bread-making. J. Agric. Food Chem. 47:18701877.

Courtin, C. M., Gelders, C. G., e Delcour, J. A. 2001. Utilização de duas endoxilanases com diferentes selectividades de substrato para compreender a funcionalidade do arabinoxilano no fabrico de pão de farinha de trigo. Cereal Chem. 78:564-571.

Denli, E., e Ercan, R. 2001. Efeito da adição de pentosanos isolados de grãos de trigo e centeio em algumas propriedades do pão. Eur. Food Res. Technol. 212:374-376.

Dhaliwal, Y. S., Hatcher, D. W., Sekhon, K. S., e Kruger, J. E. 1996. Methodlogy for preparation and testing of chapattis produced from different classes of Canadian wheat. Food Res. Int. 29:163168.

Faridi, H. A., Finney, P. L., e Rubenthaler, G. L. 1982. Avaliação da microcozedura de algumas classes de trigo dos EUA para adequação em pães iranianos. Cereal Chem. 58:471-474.

Gan, Z., Ellis, P. R., e Schofield, J. D. 1995. Mini revisão. Estabilização de células de gás e retenção de gás na massa de pão de trigo. J. Cereal Sci. 21:215-230.

Hammer, R. J. 1995. Enzimas na indústria de panificação. Pages 191-222 in: Enzimas no processamento de alimentos. G. Tucker e L. F. J. Woo, eds. Blackie Acadamic and Professional: Glassgow.

Hoseney, R. C., Finney, K. F., Pomeranz, Y., e Shogren, M. D. 1969. Propriedades funcionais (panificação) e bioquímicas dos componentes da farinha de trigo. II. Papel dos solúveis em água. Cereal Chem. 46:117-125.

Hoseney, R. C., Finney, K. F. Pomeranz, Y., e Shogren, M. D. 1971. Propriedades funcionais e bioquímicas dos componentes da farinha de trigo. VIII. Amido. Cereal Chem. 48:191-201.

Izydorczyk, M., Biliaderis, C. G., e Bushuk, W. 1991. Comparação da estrutura e composição das pentosanas solúveis em água de diferentes variedades de trigo. Cereal Chem. 68:139-144.

Jacobs, D. R., Meyer, K. A., Kushi, L. H., e Folsom, A. R. 1998. Whole grain intake may reduce risk of coronary heart disease death in postmenopausal women: The Iowa Women's Health Study. Am. J. Clin. Nutr. 68:248-257.

Jelaca, S. L., e Hlynca, I. 1972. Efeito das pentosanas da farinha de trigo na massa, no glúten e no pão. Cereal Chem. 49:489-495.

Kaldy, M. S., Rubenthaler, G. I., Kereliuk, G. R., Berhow, M. A., e Vandercook, C. E. 1991. Relações de constituintes selecionados da farinha com a qualidade de panificação em trigo branco macio . Cereal Chem. 68:508-512.

Kim, S. K., e D'Appolonia, B. L. 1977a. Estudos sobre o endurecimento do pão. III. Efeito dos pentosanos na massa, no pão e na taxa de estufamento do pão. Cereal Chem. 54:225-229.

Krishnarau, L., e Hoseney, R. C. 1994. As enzimas aumentam o volume do pão suplementado com resíduos de amido e pentosanas insolúveis. J. Food Sci. 59:1251-1254.

Kulp, K., e Bechtel, W. G. 1963. Efeito da fração de pentose insolúvel em água do endosperma de trigo na qualidade do pão branco. Cereal Chem. 40:665-675.

Lebesi, D. M., e Tzia, C. 2011. Efeito da Adição de Diferentes Fontes de Fibra Alimentar e Farelo de Cereal Comestível nas Caraterísticas de Cozedura e Sensoriais de Cupcakes. Tecnologia de Alimentos e Bioprocessos. 4:710-722.

Lempereur, I., Rouau, X., e Abecassis, J. 1997. Variação genética e agronómica nos teores de arabinoxilano e ácido ferúlico do grão de trigo duro *(Triticum durum* L.) e das suas fracções de moagem. J. Cereal Sci. 25:103-110.

Martinez-Anaya, M. A., e Jimenez, T. 1997. Funcionalidade das enzimas que hidrolisam o amido e os polissacáridos não amiláceos no fabrico de pão. Eur. Food Res. Technol. 205:209-214.

Maeda, T., e Morita, N. 2003. Qualidade da farinha e pentosana preparada por polimento de grãos de trigo na panificação. Food Res. Int. 36:603610.

Michniewicz, J., Biliaderis, C. G., e Bushuk, W. 1991. Efeito da adição de pentosanos em algumas caraterísticas físicas e tecnológicas da massa e do glúten. Cereal Chem. 3:252-258.

Michniwicz, J., Biliaderis, C. G., e Bushuk, W. 1992. Efeito da adição de pentosanos em algumas propriedades do pão de trigo. Food Chem. 43:251-257.

Mladenov, N., Przulj, N., Hristov, N., Djuric, V., e Milovanovic, M. 2001. Cultivarby- Environmental Interactions for wheat quality traits in semiarid conditions. Cereal Chem. 78:363-367.

Poutanen, K. 1997. Enzimas: uma ferramenta importante para a melhoria da qualidade dos alimentos à base de cereais. Trends Food Sci. Tech. 8:300-306.

Primo-Martin, C., e Martinez-Anaya, M. A. 2003. Influência das pentosanases e oxidases nas pentosanas extraíveis com água durante um processo de fabrico de pão simples. J. Food Sci. 68:31-41.

Quail, K., Mcmaster, G., e Wootton, M. 1991. Produção de pão achatado. Food Aust. 43:155-157.

Rao, R. S. P., Manohar, R. S., e Muralikrishna, G. 2007. Propriedades funcionais dos polissacáridos não amiláceos solúveis em água do arroz e do ragi: Efeito nas caraterísticas da massa e na qualidade da cozedura. LWT Food Sci. Technol. 40:1678-1686.

Roach, R. R., Lai, C. S., e Hoseney, R. C. 1992. Effect of Certain Salts on Bread Loaf Volume and on Soluble Nitrogen of Wheat Flour and Nonfat Dry Milk Slurriesl. Cereal Chem. 69:574-576.

Rosell, C. M., Rojas, J. A., e Benedito, C. 2001b. Influência dos hidrocolóides na reologia da massa e na qualidade do pão. Food Hydrocolloid 15:75-81

Rouau, X., Ei-Hayek, M-L., e Moreau, D. 1994. Efeito de uma preparação enzimática contendo pentosanas na qualidade de panificação das farinhas em relação a alterações nas propriedades das pentosanas. J. Cereal Sci. 19:259-272.

Rouille, J., Valle, G. D., Devaux, M. F. Marion, D., e Dubreil, L. 2005. French Bread Loaf Volume Variations and Digital Image Analysis of Crumb Grain Changes Induced by the Minor Components of Wheat Flour. Cereal Chem. 82:20-27.

Slavin, J. L., Marquart, L., e Jacobs, D. 2000. Consumption of wholegrain foods and decree ased risk of cancer: proposed mechanisms. Cereal Foods World 45:54-58.

Sutton, T. 2002. Avaliação do produto: Pontuação de pão de forma. Boletim Técnico. Volume 204(1). janeiro de 2002.

Thompson, L. U. 1994. Antioxidants and hormone-mediated health benefits of whole grains. Crit. Rev. Food Sci. 34:473-497.

Tronsmo, K. M., Fergestad, E. M., Longva, A., Schofield, J. D., e Magnus, E. M. 2002. A study of how size distribution of gluten pro-teins, surface properties of gluten and dough mixing properties relatedto baking properties of wheat flours. J. Cereal Sci. 35:201-214.

Wang, M., Hamer, R. J., van Vliet, T., e Oudgenoeg, G. 2002. Interação de pentosanos extraíveis com água com a proteína do glúten: efeito nas propriedades da massa e na qualidade do glúten. J. Cereal Sci. 36:25-37.

Wang, M. -W, Hamer, R. J., van Vilet, T., Grupen, H., Marseille, J. P., e Weegels, P. L. 2003. Effect of water unextractable solids on gluten formation and properties: Mechanistic considerations. J. Cereal Sci. 37:55-64.

Weegles, P. L. van de Pijpekamp, A. M. Graveland, A. Hamer, R. I., e Schofeld, J. D. 1996. Depolymerisation and re-polymerization of wheat glutenins during dough processing.I. Relashionship between glutenin macropolymer content and quality para meters. J. Cereal Sci. 23:103-11.

ANEXO (fotografias de pães de controlo)

Seguem-se as fotografias de pães preparados com farinhas de oito variedades de trigo cultivadas em dois locais diferentes, ou seja, Nawabshah e Hyderabad.

<table>
<tr><th>NAWABSHAH</th><th>HYDERABAD</th></tr>
<tr><td>
</td><td>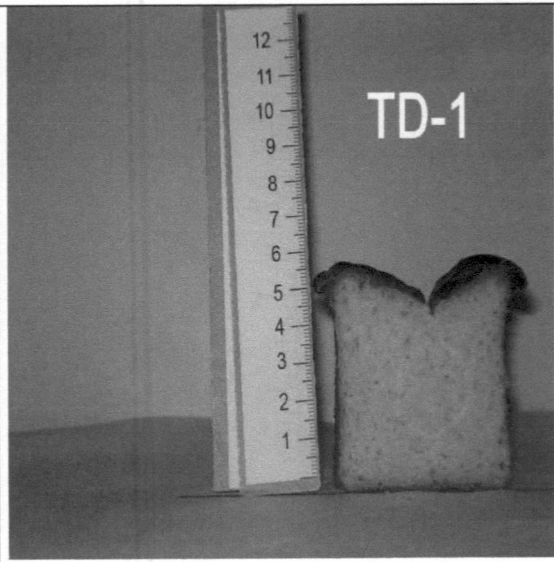
</td></tr>
</table>

NAWABSHAH	HYDERABAD

NAWABSHAH	HYDERABAD
	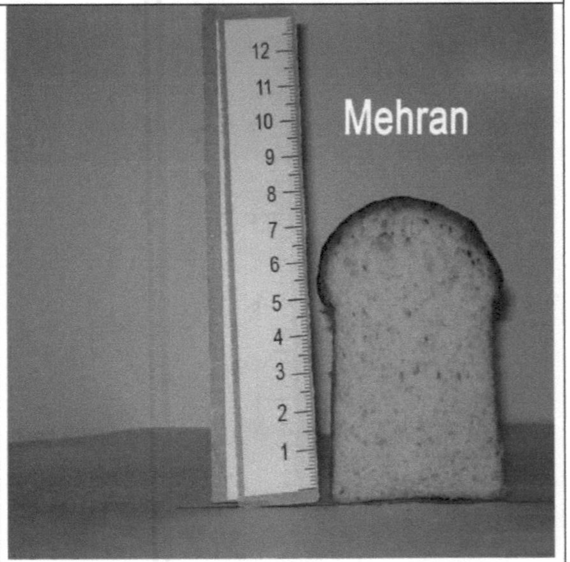

NAWABSHAH	HYDERABAD

NAWABSHAH	HYDERABAD
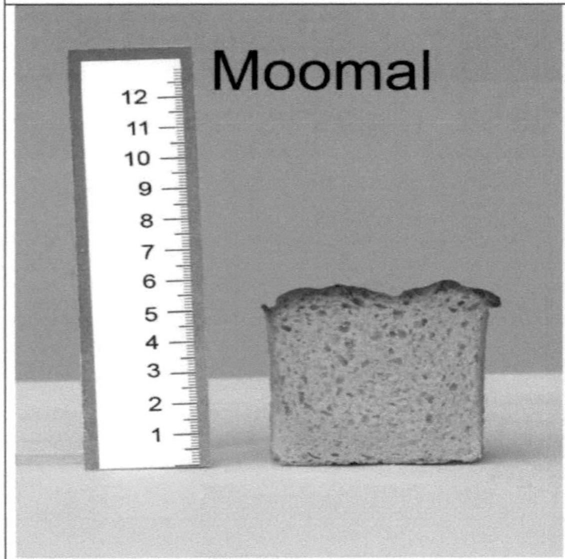	

NAWABSHAH	HYDERABAD
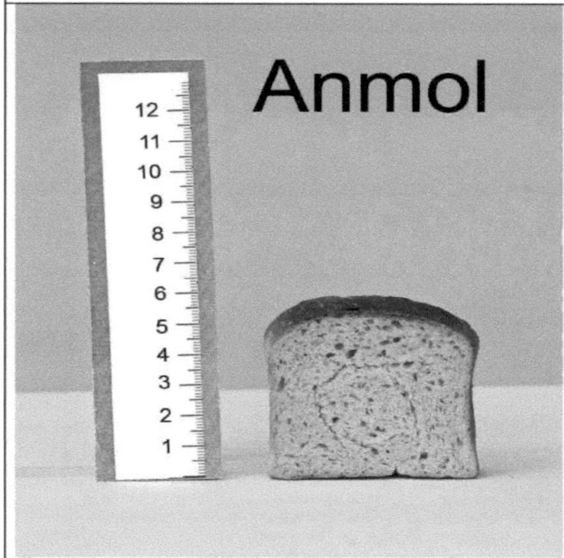	

NAWABSHAH	HYDERABAD

NAWABSHAH	HYDERABAD
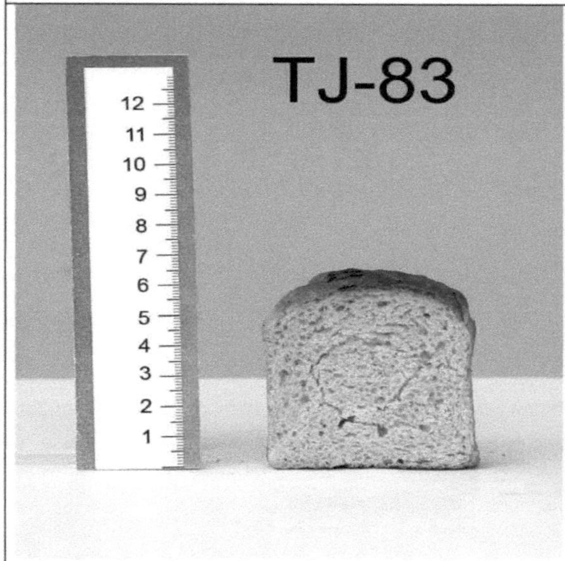	

MIX
Papier aus verantwortungsvollen Quellen
Paper from responsible sources
FSC® C105338

Printed by Books on Demand GmbH, Norderstedt / Germany